我的第一本科学漫画书·探险百科系列

# 地底世界

## 历险记①

U0270786

**图书在版编目 (CIP) 数据**

地底世界历险记 .1 / 韩国甜蜜工厂文；( 韩 ) 韩贤东图；张卡译 . –– 南昌：二十一世纪出版社集团，2022.1（我的第一本科学漫画书 . 探险百科系列）

ISBN 978-7-5568-6298-6

Ⅰ . ①地… Ⅱ . ①韩… ②韩… ③张… Ⅲ . ①生物学——少儿读物 Ⅳ . ① Q-49

中国版本图书馆 CIP 数据核字（2021）第 208269 号

我的第一本科学漫画书
探险百科系列·地底世界历险记 ① [韩]甜蜜工厂/文 [韩]韩贤东/图 张 卡/译
DIDI SHIJIE LIXIAN JI ①

出 版 人 刘凯军
责任编辑 张海虹 聂韫慈
美术编辑 陈思达
出版发行 二十一世纪出版社集团
（江西省南昌市子安路 75 号 330025）
网 址 www.21cccc.com
承 印 江西宏达彩印有限公司
开 本 787 mm × 1092 mm 1/16
印 张 11
版 次 2022 年 1 月第 1 版
印 次 2022 年 1 月第 1 次印刷
印 数 1~10000 册
书 号 ISBN 978-7-5568-6298-6
定 价 35.00 元

赣版权登字 –04-2021-742 版权所有，侵权必究
（凡购本社图书，如有缺页、倒页、脱页，由发行公司负责退换。服务热线：0791-86512056）

我的第一本科学漫画书·探险百科系列

# 地底世界
## 历险记①

[韩]甜蜜工厂/文　　[韩]韩贤东/图　　张　卡/译

二十一世纪出版社集团
21st Century Publishing Group

# 地底世界知多少

　　你有没有想过，在我们每天站立的地面底下，有一个什么样的世界。很多人对遥远的宇宙感到好奇，但对我们脚下的土地却没有什么兴趣。一提到地底，大部分人认为那里不过是充满泥土的幽暗之地。但事实上，地底栖息着许多生物，那里远比我们想象的更有活力。从必须用显微镜看到的微生物，到一天能吃掉十条蚯蚓的鼹鼠等，地底住着各种各样的生物。

　　虽然地上与地底看起来像是两个世界，但是它们之间却有着密切的联系。地上的植物死去后会被微生物分解，分解过程中所产生的养分会通过土壤再次被地上的其他植物吸收，让它们生长得更为苗壮。另外，地底有许多动物以植物根茎和腐败落叶为食，它们为了寻找食物，不断掘土、松土，使地上与地底的泥土混合，让土壤变得更加肥沃。因此，地上与地底是一个无法分离的共同体。

　　地上与地底的环境相互影响。因此，要改良土壤环境，促进大自然的生态平衡的话，我们就必须对地底生物有所了解。本书将会详细地介绍地底世界的相关知识，告诉大家地底都住着哪些动物，它们有着什么样的特点与习性，同时也会讲解地底生态系统是如何形成的。

在本书中，智伍和阿修受脑博士之托，来到偏远的乡下探望将蚯蚓作为宠物的印度少女布依。布依为了研究地底世界，发明了能让身体变小的探险服。智伍高兴地穿上探险服，准备去地底冒险。布依本想阻止他，因为探险服并没有充好电。但是，邻居爷爷的突然到访，让他们不得不穿着探险服来到了室外。冒失的智伍带着布依和阿修一起抵达地底世界，本以为宁静无比的地底世界，原来是这么热闹。他们在地底看见了什么，又经历了什么可怕的事件呢？现在，就让我们跟着智伍他们一起前往地底，展开一场奇妙的历险吧！

甜蜜工厂　韩贤东

# 目 录

竟敢对我们动手？让你看看我的厉害！

## 智伍

虽然对冒险王智伍来说，陷入危险境地已经是习以为常的事，但是这次的经历却完全不同，因为他们进入了未知的地底世界。即使被从各个洞穴突然冒出来的动物吓到，智伍仍以坚定的意志力带领着朋友们坚持到底，绝不放弃。

我对女子偶像团体的演唱会才没兴趣呢！我比较喜欢足球赛。

## 阿修

自从跟着智伍去自然科学博物馆遇到危险之后，阿修就极力避免和智伍一起出远门。尽管他总是抱怨，但是又不会拒绝别人，所以这次他又和智伍一起来到了乡下……看到虫子都会被吓坏的阿修，将在地底遭遇被蚂蚁幼虫包围、被蝼蛄追赶的可怕事件。

别小看这些地底生物！

## 布 依

脑博士的研究伙伴，来自印度的天才少女，在宁静的乡下村落，饲养着她十分宠爱的蚯蚓。她沉迷于研究地底世界，为了能进入地底探险而发明了能让身体变小的探险服。布依非常了解地底生物的特性，因此在遇到危险时能够随时保持冷静。

自从那个布依搬来后，就没有一件事情顺心！

## 邻居爷爷

住在布依家隔壁的老爷爷，因为布依偷偷潜入他家中毁掉杀虫药，还把虫子和鼹鼠放到他的田地里而抱怨不已。他的性格原本就很孤僻，现在变得更为敏感了。终于，他忍不住偷偷潜入布依家寻找证据……

# 第1章
# 脑博士的
# 朋友

啊
啊
啊
啊

滚来

滚去

今天天气这么好，好想出去走走啊！

可是没人陪我啊……

叮咚

起身

谁在按门铃？是老天听到我的心声了吗？

是阿修啊！有什么事吗？

你还问我？明明是你说很无聊，叫我过来玩的啊！

是吗？

你没有买饼干吗？

什么？

咦？是脑博士！

丁零零零

喂？

脑博士，您好！

有什么有趣的事吗？

吃力

我有一个曾经一起做研究的印度朋友现在住在乡下，我想请你代我去探望一下她。

嘟嚷 嘟嚷

叫智伍那小子去，肯定又会闯祸的！

嗯？

抠抠抠

是您的朋友吗？我没空啊！

啊！看来你还没收到信吧？

信？

是这个吗？刚刚在信箱里拿到的。

哇哦哦哦！

噗噜噜

探头

泥土和青草的香气。

空气真好啊！

你要看看外面吗？

可不是经常有机会来到空气这么好的地方哦！

抽

不管空气多好，我都不喜欢乡下！

冷静点！只要去见一下脑博士的朋友，就能去看粉红女孩的演唱会呢！

嘟嘴

我对女子偶像团体的演唱会才没兴趣呢！

我比较喜欢足球赛！

应该就是这里吧！

不过你不觉得奇怪吗？脑博士的朋友——那个布依为什么要住在乡下呢？

谁知道呢？

等等，你们两个人！

咦，说我们吗？

你们和那个不知道叫布依还是朴依的人，是朋友吗？

16

布依？
朴侬？

啊，没错！脑博士说他的朋友叫布侬。

我们的确是来找他的。请问您有什么事吗？

你们是真的不知道吗？

怎么回事？

大怒

自从那个布侬搬来后，就没有一件事情顺心！

偷偷溜进我家毁掉杀虫药还不够，

还在我的田地里放了各种虫子和鼹鼠，把我的田地弄得乱七八糟！

杀虫药

虫药

咚咚咚咚

蠕动
蠕动

抖
抖

啊……

不知道她天天在屋子里做什么，每天都噪声不断，吵得我睡不好觉。

啊，忘了跟他们讲一件重要的事！

邻居们对布依好像有点不满，最好叫她注意一点……

为什么？她在做什么危险的研究吗？

加上她一向特立独行……

这个……要说危险也可以算危险啦！

怎么觉得有些不安？

你们去告诉她！

只要被我找到证据，我绝对不会放过她！

生气

大步

大步

呃……

哇，好开阔啊！应该就是这里吧？

是不是那个人呢？

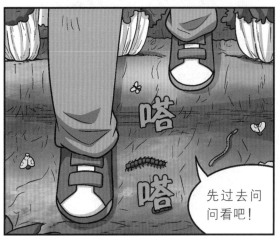

先过去问问看吧！

等一下！智伍！

呃

小心点！

好多虫子！就是这样我才特别讨厌乡下！

你又来了，不过好像有股浓郁的屎臭味……

都是因为你们没有留意脚下，就这样走过来了……

你们这些坏蛋！

什么意思啊？！我们还是赶快逃吧！

咦？

你们刚才差点把我的宠物踩死了！

马上道歉！

蚯蚓是宠物吗？

# 生活在地底的生物

在我们看不见的地底，究竟住着哪些生物呢？虽然地底又湿又暗，看起来什么也没有，但是事实上有许多生物生存。因为地底照不到阳光，生活空间狭窄，所以这些生物都有各自独特的生活方式。

## 地底生物的特点

©D. Kucharski K. Kucharska

没有眼睛的蚯蚓

**利用不同的感觉器官来辨别方向**
虽然蚯蚓没有眼睛，但是它的身上有感光细胞，能分辨光的明暗。它常年在地底活动，主要靠嗅觉和触觉来辨别方向。

**发达的前肢和锋利的爪子**
生活在地底的动物都是挖洞小能手，因此它们的前肢特别发达。尤其是鼹鼠和獾，能在地底挖出四通八达的隧道。

©Marcin Pawinski

拥有锋利爪子的鼹鼠

©Chris Moody

将身体卷成球状的鼠妇

**与众不同的防御方法**
因为地底幽暗且狭窄，小动物一旦被天敌追赶会很难逃脱，所以它们都有各自独特的防御方法。比如鼠妇会把身体卷成球状来防御外敌；跳虫在遭受袭击时，则会利用腹部的弹器跳走，远离死亡的威胁。

## 地底生态系统

在地底，蚯蚓和跳虫以植物根茎与腐败落叶为生，而鼹鼠和地松鼠则把它们当作食物。通常来说，鼹鼠会一边挖洞，一边吃从土壤中挖出来的蚯蚓；地松鼠虽然主要吃植物，但是也会吃昆虫和其他小动物。

当植物和动物死亡后，会发生什么事呢？大量腐生的细菌和真菌等微生物能加快死后的动植物的腐烂速度，然后将它们分解成二氧化碳、水和无机盐等，供植物进行光合作用，使之茁壮生长。地上与地底看似两个完全不同的世界，实际上彼此是共生共存的关系。

地底生态系统的循环

生产者 树木吸收土壤中微生物释放的二氧化碳。

分解者 微生物分解死后的动植物。

初级消费者 蚯蚓吃植物根茎与腐败落叶。

次级消费者 鼹鼠主要吃蚯蚓或蜈蚣等。

# 第 2 章
# 奇怪的
# 实验室

什么？你说那是你的宠物？

呃

那是蚯蚓啊！好恶心……

停顿

什么？你说恶心吗？

瞪

生气

可爱？

这么可爱的东西，你怎么能说它恶心？

马上道歉！

啊！

快拿开！

抖抖抖

咚

为什么要在那里绑一根绳子呢？

那里是颈部吗？

竟然说是绳子，明明是项链。

两端看起来明明都一样。

靠近环带的那端是口，比较远的那端是肛门。

口

环带：环带可产卵，脱落后形成卵茧。

肛门

蚯蚓虽然没有眼睛，但是能感觉光的存在与强弱。此外，它的呼吸方式非常特别。

它是依靠分泌黏液保持体表湿润来完成呼吸过程的。

智伍?

你是智伍吗？那个冒险王智伍吗？

嘻嘻！

我的名声已经传到印度去了啊？

我的人气果然……

咔！

喀喀！

你们要去哪里？

安静点，跟我来！我给你看一样东西。

你在干吗？快放开我！

我知道了……
你先放开我啊！

嗒嗒嗒

这是
什么？

这个看起来很熟悉呢！

你果然知道！这是穿上后
会让身体变小的探险服。
是我和脑博士为了探索地
底世界特别制造的。

穿上后身
体会变小？

研究地底世界吗？

去黑漆漆的地底做些什么啊？

看来你需要多读点书了！

什么？

你以为地底只是黑漆漆一片吗？事实上地底世界可是多姿多彩呢！

比如刚才外面那片田地，地底的生物数量加在一起可是不比亚马孙的物种少呢！

啊？真的吗？

不相信就算了！

我本来还想说如果你愿意的话，我们一起去地底世界探险……

哎呀！你早说嘛！现在出发吗？

动心啦！

不行！不要穿！

咣当

居然想进来？
既然如此……

唰

哈哈

咚!

啪嚓

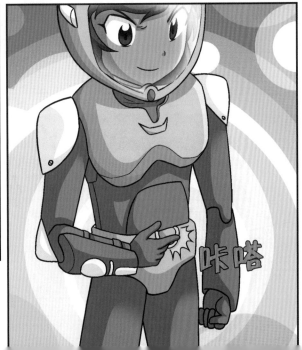

咔嗒

啊！我的身体变小啦！

轰隆

喂！你们怎么可以随意把我变得这么小？

快点把我变回去！

安静一点！会被发现的！

呜

转

呃……

什么声音？

嗖

怎么了？你认识那位老爷爷吗？

她把我的杀虫药毁掉了，应该能在这里找到证据吧？

是住在我家隔壁的老爷爷，竟然偷偷溜进我家。我要报警！

哼！他不知道他已经留下证据了……

嗖嗖嗖嗖

转 转

这家伙每天晚上都在做什么？吵死人了！

难道是在挖地洞吗？

摸 摸

哎哟！我的头啊！

充电器的线断了！

小心！

太危险了！我以前也变小过，因此很清楚……

这种时候，只能这样做了……

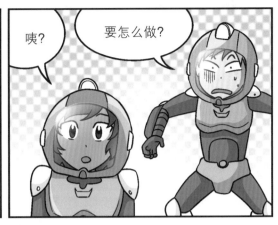

咦？

要怎么做？

如果不想被大叔踩死的话，就只有用这个办法了！

智伍！

紧抓

大家小心！抓紧了！

啊啊啊啊啊！

## 地球的园丁——蚯蚓

### 蚯蚓具有哪些感官功能

蚯蚓没有眼睛、鼻子、耳朵和四肢，缺少部分感觉器官，但它的表皮有许多感觉细胞，因此它能感知外部的刺激，也能感受光线的明暗。蚯蚓只要感到有危险就会迅速钻进土壤里躲起来。另外，蚯蚓虽然没有鼻子，但是可以通过体表大量的微血管网与外界进行气体交换。不过，这必须保持体表湿润。蚯蚓的血浆中有丰富的血红蛋白，血红蛋白与氧气结合，可以将氧气输送到身体各个部位。下雨时，很多蚯蚓都会来到地面，因为雨水把土壤里的氧气排挤了出去，土壤中的氧气减少会让蚯蚓无法正常呼吸。

©lobster20

**蚯蚓**| 蚯蚓靠湿润的体表进行呼吸。

### 蚯蚓是怎样运动的

蚯蚓没有四肢，那它在土壤中是怎样运动的呢？虽然蚯蚓没有脚，但是全身布满短而坚硬的刚毛。它们主要靠体壁肌肉与体表刚毛的配合来推动身体前进。在土壤中，蚯蚓会凭触觉寻找能钻进去的缝隙，一边钻洞，一边吃土，然后把吃掉的东西排泄出来。

**蚯蚓爬行的过程**

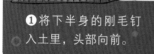
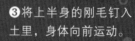

❶将下半身的刚毛钉入土里，头部向前。

❷环肌收缩，纵肌舒张，身体向前伸长。

❸将上半身的刚毛钉入土里，身体向前运动。

### 蚯蚓粪便是最好的肥料

蚯蚓粪便中富有植物生长所需的营养成分。蚯蚓吃下植物根茎和腐败落叶，经过消化与排泄，形成粪便。粪便中所含的钙、氮和磷等成分，比例非常适合植物生长。另外，蚯蚓粪便呈微小的颗粒状，能帮助土壤与空气尽可能多地接触，不仅能增加土壤的透气性及排水性，还能让植物根茎有充分的生长空间，有利于许多有益的微生物生存。由于蚯蚓粪便能当肥料，有些农家还会饲养蚯蚓来帮助农作物生长。

有蚯蚓的话，土壤会变得更肥沃，植物也会长得更好！

©Muhammad Mahdi Karim

**蚯蚓粪便** 蚯蚓粪便可以改良土质，因此蚯蚓被称为"大自然的施肥者"。

### 蚯蚓有性别之分吗？

蚯蚓是雌雄同体的动物，所有的蚯蚓都同时拥有两种生殖器官。两条蚯蚓交配时，通常以一方个体的雄性生殖孔对准另一方个体的受精囊孔，把精子射入对方的受精囊中。交配完成后，蚯蚓卵会脱落形成卵茧，小蚯蚓就是从卵茧中出生的。根据达尔文的实验，通常蚯蚓被亮光照到的话，会本能地躲进土壤里，但是在交配时，就算被光惊扰，它们也不会逃走。

©Jackhynes

交配中的蚯蚓

# 第 3 章
# 钻进地底

应该没有人看到吧?

左顾右盼

真是白跑一趟!一点收获也没有……

哎呀！

起身

流鼻血了……
竟然把自己搞
得这么狼狈。

呃啊！

嗒嗒嗒嗒

哎哟！

呃……我的腰！

咦？大家
都去哪里
了？

喂，你们
在哪？

左顾
右盼

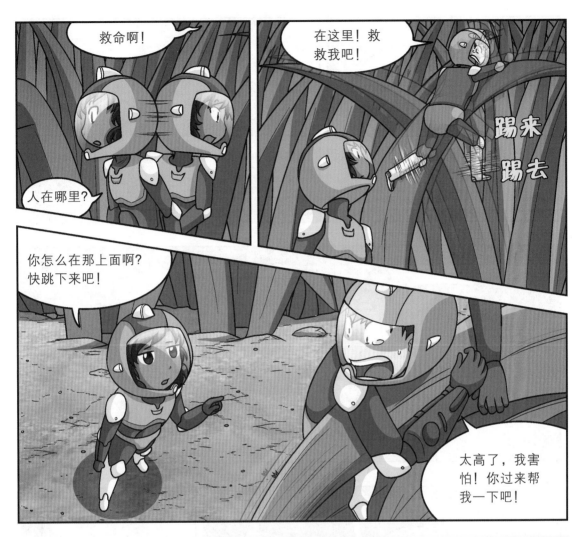

我们马上把你拉出来！

一、二……　三！

你们轻一点！

啪

呃啊啊！

我们这是在哪里啊？

你自己看看！

啪
啪

难道是在你家门前的杂草丛里？

呃！

嘶
嘶
嘶

怎么办呢？我们现在遇到大麻烦了……

阿修，你是第一次穿探险服吧？不用担心啦！

布依，你应该知道怎么把我们变回去吧？

现在要变回去好像有点困难。

必须赶快回到家里才行……

但是现在连家在哪边都不知道……

你在说什么啊？变回原来的大小，不就知道家在哪边了吗？

哪个是复原按钮呢？

我不是说了，现在没办法变回去啊！

啊？

你说没办法变回去是什么意思啊？

探险服没有充完电，而且充电器的线刚才被砸断了……

想变回原来的大小的话，探险服至少得有 30% 的电量才行……

30% 吗？我的连 10% 都不到呢！

你的意思是我们没办法变回去了吗？

难道我们得以这个大小走回家吗？

办法是有的……

快说！是什么办法？

为了防止意外发生，我将探险服设计成了可利用太阳能来充电……

太阳能吗？

可是，天上有那么多云！根本看不到太阳嘛！

这就是问题所在啊！

闪亮

哇！

好像开始充电了！

9%

离30%还差很多，要多充一点电才行！

跳来

跳去

太阳，出来吧！

呃……

太好了！

只充了一点点。

11%

别再抱怨了！现在已经这样了！

又没办法马上变回原来的大小。

相信我冒险王智伍吧！我会把你们安全带回家的！

正因为是你，我才更担心呢！

嗯？

在出发之前，我有话一定要和你们讲，是很重要的事。

什么？

转

先尿尿再出发吧！一直憋到现在，快憋不住了。厕所在哪里啊？

随便找个草丛尿啊！

跌倒

这样啊？！说的也是，尿液对植物而言，也是一种肥料嘛！

你们等一下！我马上回来！

哗哗哗

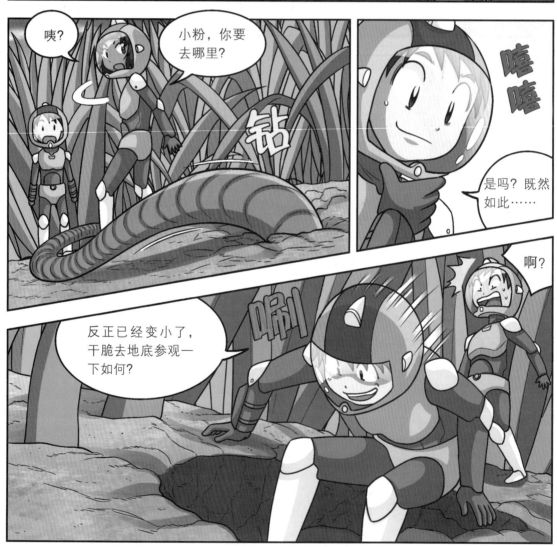

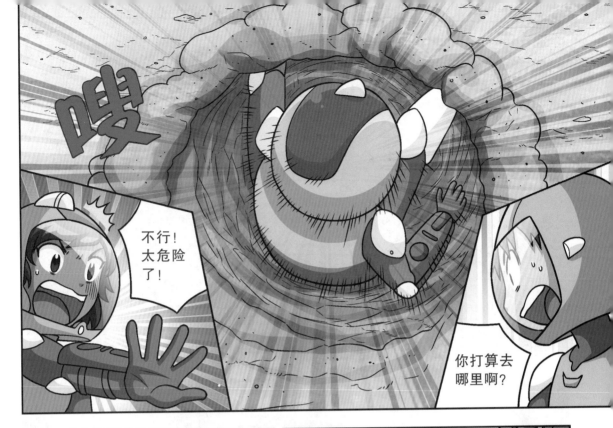

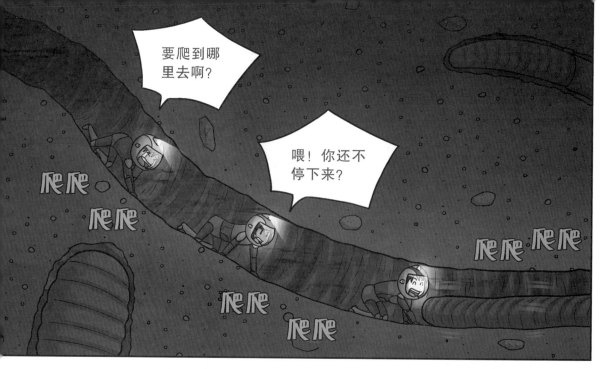

小粉停下来了，完全不动了呢！

它怎么了？

蚯蚓全身布满感觉细胞，能感受到细微的动静。

难道是……

那是什么？

嗅 嗅

轰 隆

啊啊啊啊！

## 达尔文对蚯蚓的研究

以进化论闻名的查尔斯·罗伯特·达尔文，从28岁就开始了对蚯蚓的观察，在随后的40多年里也在不断地研究蚯蚓。1881年，达尔文发表了人生最后一部科学著作——《腐殖土的形成和蚯蚓的作用》。从此以后，大家都知道了蚯蚓是十分了不起的地下工作者，不仅能疏松土壤，还能净化土壤环境。现在，就让我们一起来看看达尔文进行的有趣的蚯蚓实验吧！

查尔斯·罗伯特·达尔文
（1809—1882）

### 蚯蚓能感知光线吗

为了测试蚯蚓对光的感知能力，达尔文拿烛火或油灯等光源照向蚯蚓。他发现蚯蚓会为了躲避光线而钻进土壤里，或是在光线下不停扭动身体。达尔文借由这个实验得出一个结论：虽然蚯蚓看不见，但是具有能分辨光线强弱的感觉器官。

好亮！

### 蚯蚓能听见声音吗

为了确认蚯蚓是否能听见声音，达尔文让人在蚯蚓面前演奏乐器，但是无论乐队演奏得有多热闹，蚯蚓都没有反应，因此达尔文认为蚯蚓听不见声音。可是当他将装了蚯蚓的罐子放在钢琴上面，开始弹琴时，蚯蚓会钻进土壤里，这表示蚯蚓虽然听不见声音，却能感觉到震动。

听不到吗？

zZ

### 蚯蚓有嗅觉和味觉吗

达尔文为了研究蚯蚓的嗅觉，进行了许多有趣的实验。他让蚯蚓闻自己的口臭，但蚯蚓对达尔文的口臭完全不在意，因此达尔文认为蚯蚓闻不到气味。对于蚯蚓的味觉，达尔文经过多次实验发现，蚯蚓比较喜欢吃紫甘蓝，最喜欢吃胡萝卜。

好臭！

### 蚯蚓有智力吗

达尔文裁剪出各种各样的三角形纸片放在蚯蚓洞口。蚯蚓误以为这些纸片是叶子，于是将纸片拖进自己的洞穴。它们都是拉着纸片的尖角，以最省力的方式来拖行的。由此，达尔文得出结论：蚯蚓能大概判断物体的形状，似乎总是能找到最省力的方式，具备一定的智力水平。

哇！

小事一桩！

### 蚯蚓能搬运多少土壤呢

蚯蚓喜欢生活在肥沃的土壤中，每天可以吃掉自己 1/3 体重的土壤。1842年，达尔文在草地上选了一块固定区域，均匀地撒上石灰。过了很多年后，他将那块草地挖开，测量石灰被埋了多深。根据达尔文的保守估计，一个健康的蚯蚓种群一年之内，在 1 万平方米土地上至少能搬运 3 吨的土壤。

蚯蚓可以将地表的土壤带到地底。

# 第4章
# 洞穴里的
# 大胃王

那是什么啊？

嘘！小声一点！

我戴着头盔，你捂住我嘴巴也没用！

呸啊

那边好像有什么动静，你安静一点啦！

你比我还大声啊！

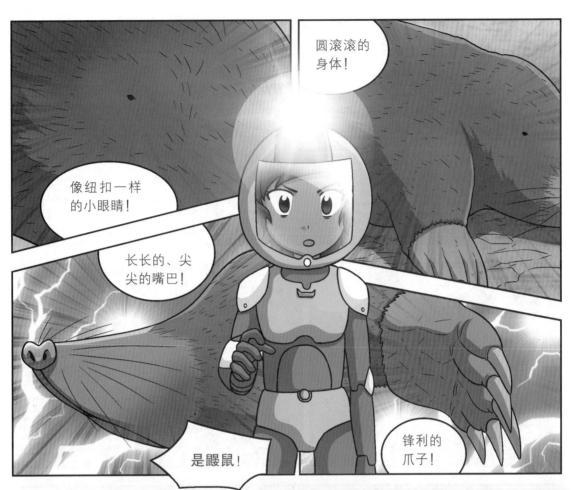

嗅嗅

嗅嗅

它要做什么啊?

!

砰

甩

吃蚯……
蚯蚓?

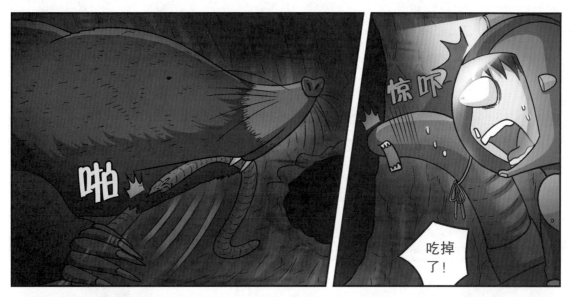

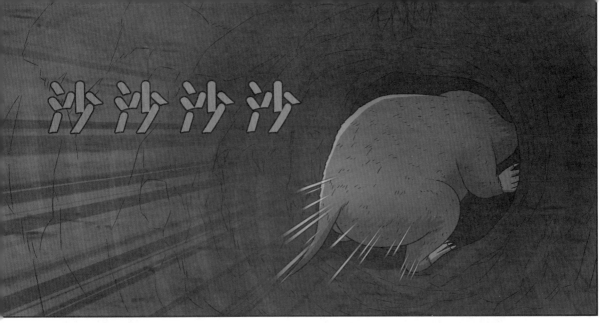

走掉了吗？突然安静下来了。

你去看一下它是不是真的走了！

我……

咦？不见了！太好了……

那真的是鼹鼠吗?

嗯，是鼹鼠……

鼹鼠吃蚯蚓吗?

刚才它吃掉了半条蚯蚓，然后把剩下半条带走了。

那小粉会不会也被它抓去吃掉啊?

喂!

鼹鼠的唾液里含有能够麻醉猎物的毒素，它们抓到猎物后会先将它麻醉再带回洞穴储存。

呝

鼹鼠新陈代谢较快，它们很不耐饿，每天要花很多时间觅食。

它们不仅仅吃蚯蚓，蚂蚁、蜗牛、青蛙等都是它们的食物。

啊……这么说来，它们也会吃我们吗?

别担心!我会保护你的!

它一下子吃不了这么多吧！我们应该不会马上被吃掉吧！如果被咬断手或脚，我们也还能再存活一段时间，等到鼹鼠肚子饿的时候，可能……

自言自语

啊！别说了！

有点奇怪啊，明明我就站在它的面前，为什么它没发现我呢？

轰

鼹鼠长期生活在幽暗的地底，它的眼睛已经退化，几乎失明了。

失明了怎么抓猎物啊？

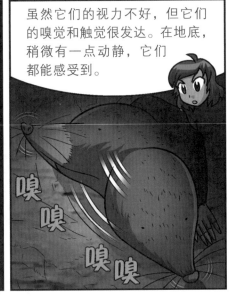

虽然它们的视力不好，但它们的嗅觉和触觉很发达。在地底，稍微有一点动静，它们都能感受到。

嗅嗅
嗅嗅

那我们就不能乱动了吧！

要是它发现我们在这里的话……

轰隆

转

啊！

什么？既然探险服有这种功能，早就该使用了！

早点用它引起地底的骚动吗？你干脆寄邀请函给鼹鼠，跟它说我们来这里了……

知道了！你快一点，它已经在我们后面了！

我已经尽全力了。别和我说话，我会分心的！

它一直在掘土。

速度好快！

鼹鼠的爪子很锋利，特别适于掘土，它掘土的速度很快。

# 地底的掘土机——鼹鼠

## 适应于地底生活的形态

虽然鼹鼠乍看之下没有什么特别之处，但是它们的身体形态完全适应于地底生活。它们的前肢十分粗壮，长有锋利的爪子；它们的头紧接肩膀，看起来就像没有脖子，整个身体和掘土机相似；它们的尾巴短小，身上是柔滑的皮毛，这让它们可以在地底狭长的隧道里自由

鼹鼠 它们的前肢发达，长有利爪，适于掘土。

地跑动。在适应幽暗的地底环境后，它们的视力逐渐退化，但是它们的触觉和嗅觉却变得十分敏锐，可以感知到四周微弱的震动。

## 容易饥饿的"大胃王"

在地底生活的鼹鼠，不分昼夜，不断重复着休息4个小时、活动4个小时的作息方式，它们醒着的时候大多在捕食。除了吃蚯蚓之外，它们也会吃蚂蚁、金龟子、蝼蛄等昆虫。鼹鼠一天会吃掉和自己体重相当的食物，是地底有名的"大胃王"。鼹鼠的唾液里含有毒素，可以麻醉猎物让它们无法动弹。鼹鼠会将猎物储存在洞穴，等到肚子饿的时候再来吃。

有时候洞穴里储藏了千余条蚯蚓呢！

正在抓蚯蚓吃的鼹鼠

## 改良土壤性质

鼹鼠经常出现在开阔的田地及草地，它们掘土速度快，不久地面就会堆起一个个袖珍土堆。这些土堆可以绵延数十米，土堆下面就是鼹鼠的家。虽然这些土堆让地面看起来乱七八糟的，但是这些土壤因为被挪动，而提高了疏松度和通气性，植物因此能更好地生长。

## 形形色色的鼹鼠

不同种类的鼹鼠的形态和生活方式也会有所不同。例如鼻尖有一圈触手、看起来好像是星星的星鼻鼹，它们擅长游泳，在水下也可以利用嗅觉来追踪猎物。它们吃东西非常快，这要归功于它们的花式小鼻子。它们的星鼻是一个无比敏感的触觉器官，可以帮助它们快速定位猎物并完成捕食。又如生活在比利牛斯山脉的比利牛斯鼬鼹，虽然属于鼹科，但它们几乎不挖地洞，通常生活在其他动物挖好的洞穴或一些岩石裂缝中。鼹科动物中体形最大的俄罗斯麝鼹，因为在水中觅食，所以后爪长有蹼，并且尾巴演变成了扁平状。

©NPS

星鼻鼹 它们不仅进食速度快，食量也大。

©Didier Descouens

©Didier Descouens

比利牛斯鼬鼹　　　　　　　　俄罗斯麝鼹

# 第 5 章
## 可怕的地底生物

吱吱吱吱!

它生气了!

啊!

危险啊!

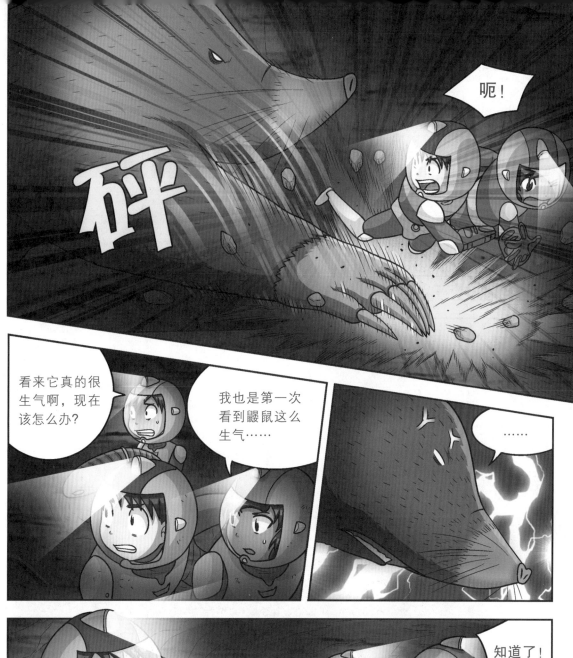

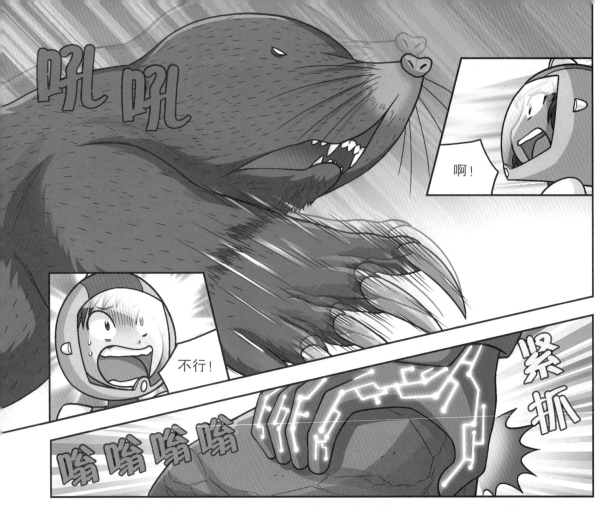

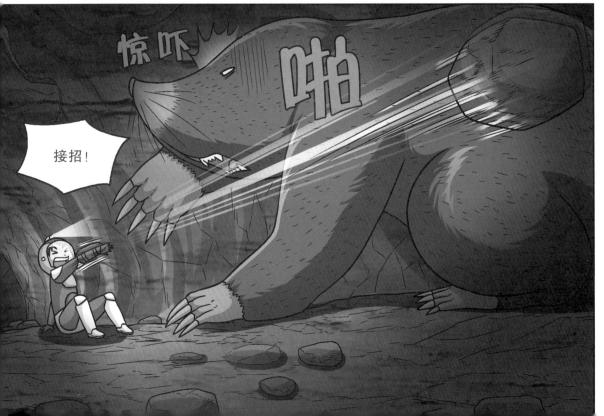

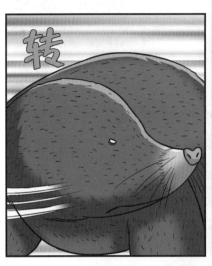

转

唔

当

嗒嗒嗒嗒

智伍！你没事吧？

明明是块大石头，我却很轻松地扔出去了。

你使用了探险服的助力装置，就是你手臂那边的那个按钮。

对吗？

嗯？

扭动

扭动

喂！你要去哪里？

小粉！等等我们！

沙沙

沙沙

确实不错！我看看还有什么功能可以使用的……

不行！还不知道接下来会遇到什么情况，必须尽可能保存电量！

所以趁着还有电的时候赶快出去啊！

再这样慢吞吞的，万一探险服完全没电了就完啦！

轰隆

啊……怎么突然这么晃？

砰

啊！

没想到地底竟然有这么大的洞穴！

这里到底是什么动物的洞穴呢？

这个嘛……看洞穴的大小，我们要十分小心才行！

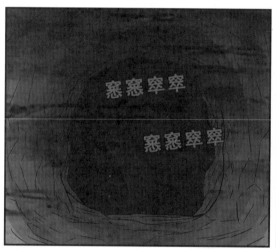

窸窸窣窣

窸窸窣窣

这是什么声音？

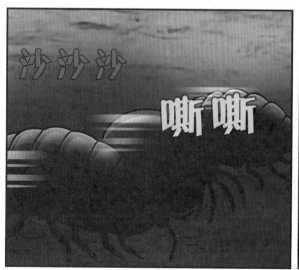

沙沙沙

嘶嘶

到底是什么？

吞口水

沙沙

嘶嘶

嘶嘶

只是一些小小虫子而已。

就算是小虫子，也跟我们差不多大小！

别担心！

它们大多吃腐烂的植物根茎，不会吃我们的！

还好……

瘫坐

你们好！跳虫、甲螨、鼠妇！

沉默

跳虫、甲螨、鼠妇？

这么奇怪的名字……

它们是栖息在地底的节肢动物。

节肢动物？那是什么啊？

它们长得和昆虫很像呢！和昆虫有什么不同吗？

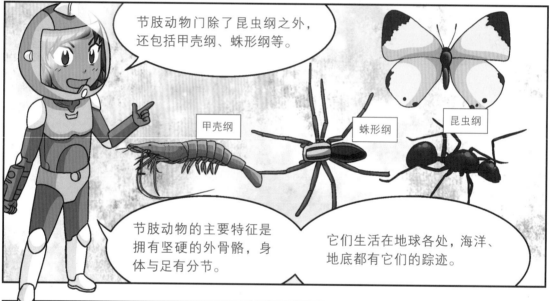

节肢动物门除了昆虫纲之外，还包括甲壳纲、蛛形纲等。

甲壳纲

蛛形纲

昆虫纲

节肢动物的主要特征是拥有坚硬的外骨骼，身体与足有分节。

它们生活在地球各处，海洋、地底都有它们的踪迹。

尤其是地底这些……

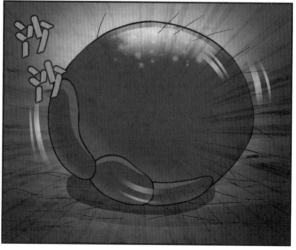

沙沙

哇！头和脚一下子就藏进去了！

甲螨如果感受到危险，就会把身体藏进坚硬的外壳里面来保护自己。

那边的鼠妇也一样呢！

是吗？我来摸摸看！

哇！真的呢！完全卷起来了！

那它是不是也会……

啊！吓了我一大跳！

啪嚓

那是跳虫，又称弹尾虫。

跳虫非常善于跳跃，向前跳跃的距离可达身长的15倍。

还以为它要攻击我，吓了我一大跳呢！

甲蟥变身！

要不要摸呢？

好兴奋！

居然还能玩得这么开心！

不要再玩了！赶快想想怎样才能从这里逃出去吧！

咦？

呃啊！这又是什么啊？

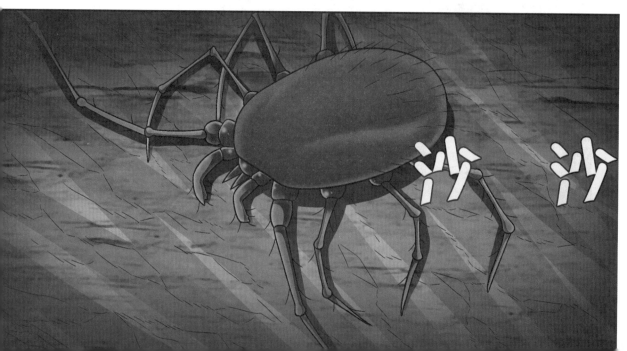

沙 沙

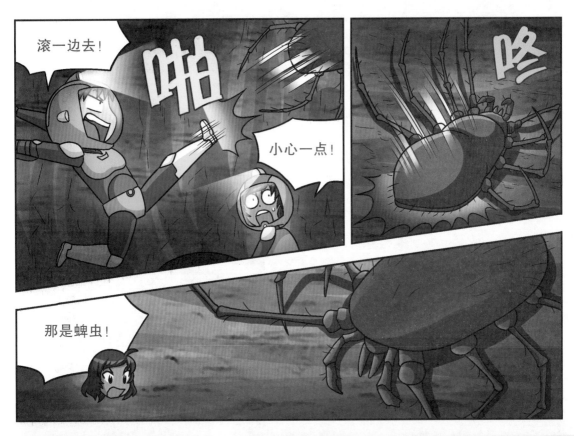

## 地底的节肢动物

哺乳动物的骨骼存在于体内，而节肢动物是体表具有坚硬的外骨骼。占地球动物种类70%～80%的节肢动物，以各种形态生活在地球各个角落。那么，地底究竟住着哪些节肢动物呢？

### 鼠妇

鼠妇的身体大多呈椭圆形，被触摸或遇到敌人攻击时，就会将身体卷成球形。因为卷起来圆圆的，所以它们也被叫作皮球虫、西瓜虫。虽然它们长得像多足类的蜈蚣和马陆，但是实际上与虾、螃蟹同属甲壳纲，是用鳃来呼吸的。鼠妇喜欢生活在阴暗潮湿的地方，以落叶、腐木、植物根茎为食。如果家里出现鼠妇，就多

©Kucharska

**鼠妇** 喜欢生活在潮湿的石块、水缸或花盆下的鼠妇。

打开窗户通风，保持环境干燥，这样它们是很难存活的，或者在家里各个角落喷洒稀释后的消毒液，也有一定的预防作用。

⊙**鼠妇卷起身体的过程**

©Paulrommer

## 跳 虫

跳虫形如跳蚤，弹跳灵活，主要以落叶、真菌、苔藓等为食。全世界约有 7500 种跳虫，虽然它们喜欢栖息在潮湿的地底，但是在海边、高山，甚至极地也能发现它们的踪影。跳虫没有翅膀，无法飞行，但是在腹部下方有弹器，可以弹跳到很远的地方。跳虫喜欢群体活动，密密麻麻集合在一起时，就像弹落的烟灰一样。它们害怕光线，一旦遇光或受惊，便会跳到阴暗的角落。

**跳虫** 利用腹部下方的弹器弹跳的跳虫。

弹器

## 蜱 虫

蜱虫又名壁虱、扁虱，是一种体形极小的节肢动物，属蛛形纲，这说明它们实际上跟蜘蛛关系更近。蜱虫不会跳跃，也不会飞，但是它们的口器上有倒刺，可以紧紧地扎在动物或人的身上吸食血液。被蜱虫叮咬过后，不仅伤口会红肿，人们还可能会因此感染上流行性出血热、莱姆病等危险疾病。全世界大约有 800 种蜱虫，只有硬蜱虫和软蜱虫会将疾病传播给人类。

**蜱虫** 正在吸血的蜱虫。

# 第 6 章
# 蜱虫大战
# 地松鼠

其他虫子都不见了！

连小粉也不见了！

什么？

那些都不重要！我们现在有危险了⋯⋯

它们不是只吃植物根茎什么的吗？

蜱虫不一样。

蜱虫最喜欢吸血了，它们会叮咬人或动物，留下伤口。

还会传播危险的疾病。

吸食血液的长角血蜱。

你是说传染病吗?

那不是杀人吗?

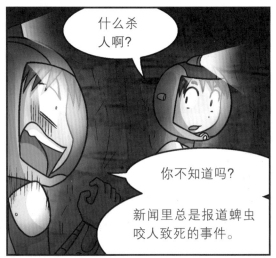

什么杀人啊?

你不知道吗?

新闻里总是报道蜱虫咬人致死的事件。

那是因为被蜱虫咬了而感染上了发热伴血小板减少综合征。

咦?

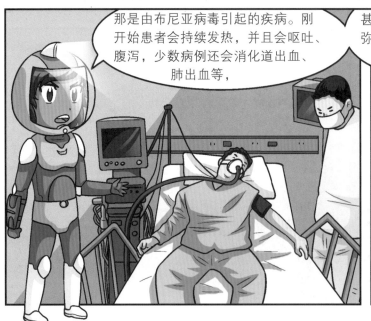

那是由布尼亚病毒引起的疾病。刚开始患者会持续发热,并且会呕吐、腹泻,少数病例还会消化道出血、肺出血等,

甚至会休克,或因弥漫性血管内凝血等而死亡。

沙 沙

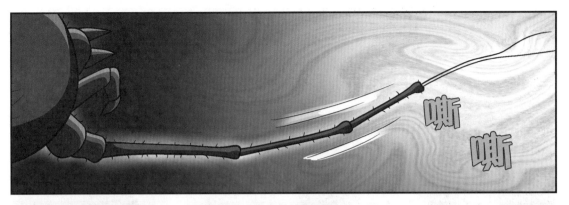

嘶
嘶

嘶
嘶
嘶

不要啊！

沙沙沙

僵直

僵直

它用像触角一样的东西扫过我了！

不会咬了我吧？我没感觉到痛啊！

那不是它的触角，而是它的前足。

蜱虫会用前足来探寻宿主。它们会寻找宿主皮肤较薄、不易抓挠到的部位……

蜱虫一般生活在森林、草场、山地的土壤中……

现在好像不是卖弄知识的时候啊！还不赶快想一想办法……

别担心！它们看起来不太像被称为杀人蜱虫的长角血蜱。

真的吗？它们不是杀人蜱虫？

没错！长角血蜱的前足比它们的短。

所以我们现在是安全的吗？

猛然

咦？

哎呀！

啊！蜱虫爬到你身上了！

我制造的探险服非常结实，就算被蝉虫咬几百次也不会破洞。

喂！你刚才为什么不说，不然我也不用那么害怕了！

真是的！看我们吓成这样，你很开心吗？

难道我是为了捉弄你们才不说的吗？我这是要警告你们，在不清楚对方的情况下，不要随便动手。

不要小看这些地底生物。

尤其是你！给我好好记住！

还有连科学家也不知道的生物吗？

嗯？

紧张
不安

人类对地底世界知之甚少。

地底有很多未知的生物存在，所以科学家还在持续研究中。

骚动

骚动

当然啦！地底住着数不尽的生物呢！

所以你们要随时小心啊！

呃……

有点奇怪……

它们在干什么呀？

嗯？

好像在逃跑的样子。

为什么？

沙沙沙

嘶嘶嘶

刚才还很安静，怎么突然就躲起来了？

之前也是……蜱虫一来，其他小虫子就都逃跑了。

因为它们的感觉十分敏锐。这次换蜱虫逃跑，说明……

敌人更厉害吗？

有可能，到现在我们还不知道谁是这个洞穴的主人呢！

看来我们也该赶快逃跑！

这到底是什么动物的洞穴？

嗯……这么大的洞穴，

可能是囊鼠或地松鼠挖的吧！

呃！如果是松鼠的话就好了！

松鼠是吃橡子的，应该不会吃掉我们吧？

对啊！比起来，松鼠会好一点呢！

但囊鼠是什么都吃的……

你们在说什么呢？！

囊鼠不是杂食性动物，而是草食性动物，以植物根茎或蔬菜为食。

地松鼠

囊鼠

地松鼠不仅吃植物，也会吃蚱蜢、蝗虫等昆虫，甚至还会吃腐肉和小动物！

小动物

小动物是指……

难道是指我们？

触摸

又是谁？

啪

现在用前足来摸我，我也不怕了！

前足？

蝉虫不是全部逃走了吗？

那刚才是什么东西呢？

难道是……

轰

隆

啊啊啊！

竟敢对我们动手？让你看看我的厉害！

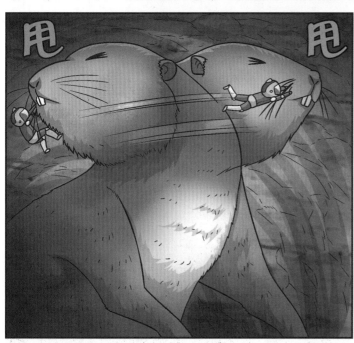

智伍，还是赶快下来吧！

哪有那么容易啊?！

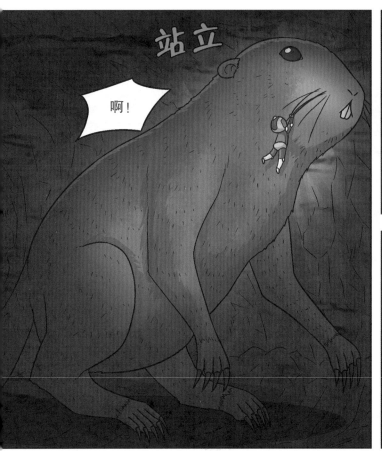

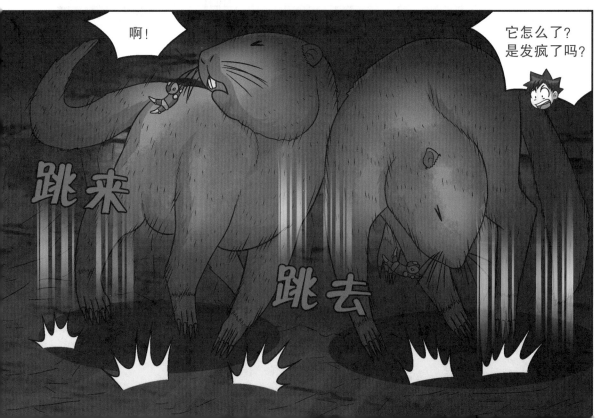

呃……好恶心！

渐渐变大了！

是蜱虫！

蜱虫？刚才还是很小的呢！

它们因为吸了血，所以渐渐变大了，就像水蛭一样。吸饱血后，它们的身体会变大好几倍！

那地松鼠被吸了那么多血，不会有生命危险吗？

## 地底的哺乳动物 ❶

### 囊鼠

囊鼠身体肥胖，四肢和尾巴短小，前肢有利爪，口中有颊囊。囊鼠通常都待在洞穴里，或者在地底觅食植物根茎。囊鼠很会挖洞，它们的颊囊能用来运输泥土。有趣的是，它们的颊囊还能翻开清理干净。囊鼠的天敌是黄鼠狼、蛇和猫头鹰等。

©Radoslaw Lecyk

**囊鼠** 囊鼠的牙齿和爪子每天都在不停地快速生长，因此它们必须不停地啃咬和挖掘，使其磨损。

### 地松鼠

地松鼠的体型与生活在树上的松鼠类似，但尾巴较短。它们虽然主要以植物为食，但是也喜欢吃蚱蜢、蝗虫等昆虫以及一些小动物，属于杂食性动物。地松鼠过着群居的生活，会在地底挖掘深邃而复杂的洞穴。不过，它们好奇心旺盛，经常会从洞穴里跑出来窥探四周。地松鼠广泛分布在欧洲、亚洲和北美洲，居住在寒冷地区的地松鼠会冬眠。

©Peter Krejzl

得好好储存食物才行！

**地松鼠** 找到种子或蚱蜢等食物时，地松鼠会将它们装在颊囊里带回洞穴。

## 跳　鼠

　　生活在沙漠地区的跳鼠拥有发达的后腿和长长的尾巴，能灵巧地跳来跳去。跳鼠要是长时间暴露在 40℃ 以上的高温下，就会有生命危险，因此它们白天都待在凉爽的洞穴里休息，以躲避炽热的阳光。在水源不足的沙漠里，它们可以很长时间不喝水，只通过进食植物的种子和茎叶来摄取水分。

©Rex

**跳鼠** 为了避开沙漠的炎热而居住在地底。

## 旱　獭

　　旱獭生活在草原上，挖洞能力强，在不同的季节会挖掘不同的洞穴。它们的洞穴极为复杂，就像一个地下宫殿，其挖掘工程十分浩大，需要搬出数量惊人的土石。它们属于白昼活动的动物，尤其在晨昏之时最为活跃。在遇到危险时它们会发出叫声，以提醒其他的小伙伴。旱獭主要以草本植物为食，喜欢吃牧草、植物茎叶等。

老鹰来了！快点躲起来！

©Henk Bentlage

**旱獭** 能发出十多种不同的声音来交流沟通。

# 第 7 章
## 下雨的地底

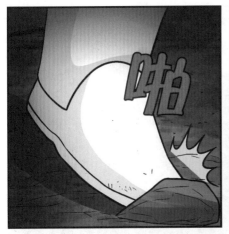

砰

跳来跳去

咚 咚 咚 咚

嗯……

就这么走了？

你们快起来吧！

看来它是想抖掉蜱虫，才会那样乱跳。它被蜱虫吓到了，短时间内应该不会回来了。

咻

倒地

没想到是蜱虫救了我们……

唉！真是有惊无险！

不能使用电钻钻洞逃出去吗？

刚才已经用掉了太多的电……

我现在只剩下 5% 的电量了。

唰

真的啊！

要是探险服的电量耗尽了，会怎么样啊？

生命维持系统会关闭。首先，我们会没有氧气；其次，探险服不能调节温度，也不能抗压……

也就是说……如果电量耗尽的话，我们就要完蛋了！

126

辛苦挖了 30 分钟，竟然只挖了这么一点点！

只有铲子吗？

喂！你就坐在那里一动不动吗？

我说过了……我的是电动钻头，不能随便使用。

这样要挖到什么时候啊？

干脆不要挖了，我们去找别的洞穴，怎么样？

应该会有洞穴通到地面的吧！

啊，好主意！

也不看看我是谁！我可是冒险王智伍呢！

骄傲

不行！你怎么知道下一个洞穴的主人是谁？万一又遇到鼹鼠或地松鼠，该怎么办？

啊！这么一想，好像也对！

我的肚子还很饿！

我也是！

其实，只要好好观察分析，就可以知道是什么动物的洞穴。

什么意思？

因为不同动物建造的洞穴，都有不同的特点。

獾的洞穴庞大又复杂，入口也有很多个。据说，有时獾会将其他动物弃置不用的洞穴，修缮之后再使用。

獾

因为地底洞穴有很多优点啊！冬天地底比较温暖，利于冬眠。而在沙漠里，地底洞穴则可以用来避暑。与地面相比，安全的地底洞穴更有助于养育后代。

孩子们，要平安长大呀！

还是地底凉快！

Z z Z

比如旱獭，它们生活在平坦、广阔的大草原，如果待在地面的话，很容易被捕食者发现。因此它们不仅利用地底洞穴来四处行走，就连养育幼崽也是在洞穴里……

它们的洞穴有各种功能与用处，比如储存室、居住室、厕所，以及避难室等。

滴

滴

滴

怎么会有水滴？

什么？有水滴下来吗？

是有动物在上面尿尿吗？

闻 闻

淅淅沥沥

好脏……

哗啦

淅淅沥沥

难道是……下雨了吗？

哗啦哗啦

智伍他们打过电话来吗?

没有。可能正在哪块田地里兴奋地抓青蛙吧!

最喜欢乡下了!

但愿不要感冒了……

哗啦哗啦

一整天都没见到人,到底跑哪里去了?

哗啦啦

一直下雨的话，地底会变成什么样呢？照这样下去，我们不会有危险吧？

地底洞穴有可能会灌满雨水。

你说灌满雨水吗？

雨水已经淹到脚踝了！

这么快？

快下雨的时候，蚯蚓会事先感知到，然后爬上地面。不然地底到处积水，蚯蚓会无法呼吸。

难怪小粉跑掉了！

我就说它是逃跑了吧！

现在我们该怎么办？探险服应该有防水功能吧？！

问题不是这么简单。

大雨天，土壤含水量能达到90%。

雨水会一直渗透到岩石层，中间可能会有流动的积水。

等等！那就是说我们可能会被地底的雨水冲走吗？

咔啊啊啊哗啦啦啦

没错，待在地底洞穴比较危险，因为一旦灌满了雨水，我们就麻烦了。

才一会儿，雨水就淹到膝盖了！

不要啊！

不如我们挖个小洞躲进去，再把洞口封住，怎么样？

雨水会不停地涌过来，挖洞的话，也会马上坍塌。

那该怎么办呢？

先找一个固定物……

呃啊啊

嗯……

我不想死在这里啊！

东瞧瞧

西瞧瞧

啊，这个！

这不是树根吗？

好！不管有没有用，总要试试看吧。

潮湿的泥土，比刚才好挖多了。

唰

唰

唰

唰

唰

唰

哗啦

啦

啦

抓住树根真的有用吗？

躲在这里抓住树根的话，至少不会被水冲走。

快点！

啊！

## 地底的哺乳动物❷

### 袋熊

袋熊主要生活在澳大利亚，身长约有1米，就生活在地底的哺乳动物而言，它们的体形算是大的。袋熊的身体较为粗壮，眼睛很小，尾巴也很短。它们锋利的钩形爪子十分适合挖洞。它们的洞穴比较大，由很多大小不一的洞穴相互连接而成，保护性很强。袋熊白天通常躲在洞穴，到了晚上才会出来啃食青草、树皮等。

**袋熊** 虽然袋熊的眼睛较小，视力较差，但是听觉和嗅觉十分灵敏。

### 獾

獾体形肥大，四肢短，头上有黑白条纹，黑棕色的爪子十分有力，非常适合挖洞。獾依靠灵敏的嗅觉拱食各种植物的根茎，也吃蚯蚓或是地底的一些昆虫幼虫等。它们过着群居生活，一个洞穴内会居住十只左右的獾。它们的洞穴庞大且复杂，入口也有很多个。在遇到紧急状况时，獾会装死来躲避危险。

獾(左)与獾的洞穴入口(右)

### 狐獴

居住在热带沙漠地区的狐獴，因为经常用双腿站立，呈警戒状态，而被称为"沙漠的哨兵"。它们有尖尖的鼻子、圆圆的脸蛋，眼睛周围长有独特的黑色暗斑，就像是太阳镜一般，可帮助它们在烈日下看清远处。狐獴是一种社会性极强的动物，一个洞穴里会生活30只左右的狐獴，它们会选出内部统治者，并按一定的秩序来生活。如果同伴受伤，其他的狐獴会将它带回洞里，并且在它痊愈之前为它准备食物。它们站哨也有指定顺序，排行低的雌性狐獴通常负责在巢穴里照顾幼崽。

我会仔细观察四周有没有捕食者。

**狐獴** 它们用双腿站立放哨，发觉危险时会发出叫声警告同伴。

### 臭鼬

臭鼬受到威胁时，肛门处的臭腺会产生特殊的臭鼬麝香，必要时它们会向敌人喷射恶臭的液体，以此来吓跑敌人。臭鼬白天会躲在地底洞穴睡觉，到了黄昏或夜晚才会出来觅食。它们主要以蟋蟀、蚱蜢等昆虫为食，有时候也会捕食田鼠和幼鸟。

**臭鼬** 臭鼬散发的气味十分强烈，可以传到很远的地方。

# 第8章
# 天生的翻滚高手

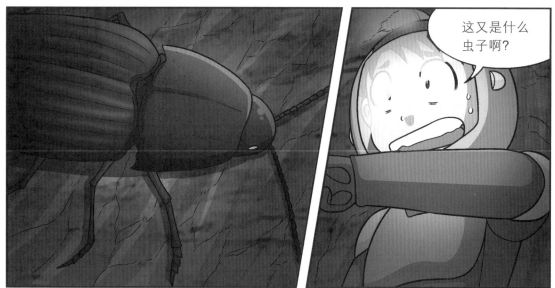

这又是什么虫子啊?

嘶 嘶 嘶

别过来! 乖乖待在那里!

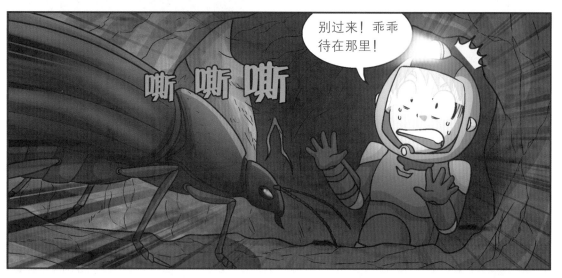

嗒嗒嗒嗒嗒

啊！

别怪我动手了！

砰

啪嗒

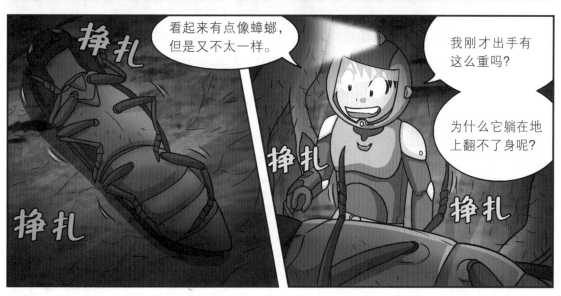

挣扎

挣扎

看起来有点像蟑螂，但是又不太一样。

挣扎

挣扎

我刚才出手有这么重吗？

为什么它躺在地上翻不了身呢？

啪嗒

啪

呃啊……
吓死人了!

叩头虫一旦遇到四脚朝天的
情况,通常会"叩"的一声
弹跳起来,借此翻回来。

将叩头虫抓在手上时,
它们会做出类似叩头
的动作,因此才被叫
作叩头虫!

哗啦啦啦

啪 啪

这样应该
可以了吧?

堆好了!

不知道外面的
情况,反而更
不安呢……

哗 啦 啦 啦

哗
哗

哗 哗

呃啊!

赶快堵上!

啪

啪

知道了!

哔哔

这里也要!

啪

土块来了! 嗒嗒嗒

应该没问题了吧?

拜托……

哗

哗

呃啊啊!

啪

布依！

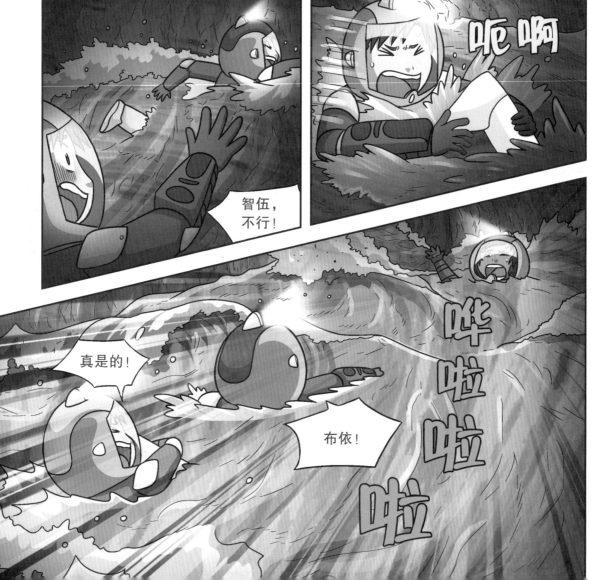

智伍，
不行！

咆啊

真是的！

布依！

哗
啦

啦

啦

153

## 土壤是人类生存的基础

土壤是我们地球最常见的东西，在任何地方都可以看到。但是，并不是其他的星球也像地球一样，到处都有土壤。而且，就算是地球，土壤也是历经悠久的时间，并且在特定的环境与条件下形成的。

### 土壤是如何形成的

很久以前，地壳由坚硬的岩石组成，后来，这些岩石经历了物理、化学、生物风化及剥蚀、搬运、沉积等作用后，才慢慢形成了土壤。一开始，坚硬的岩石被雨水淋湿，接着被风吹干，在炽热阳光的照射下温度上升，到了晚上温度下降……如此不断重复这些过程后，岩石开始龟裂，并且裂缝越来越大，随之受到风雨的影响也越来越大。而后渗入石隙中的水结冰后体积变大，导致岩石碎裂。风仍在一点一点地侵蚀碎裂的岩石，再加上植物在石隙间生长，加速了岩石碎裂。岩石就这样分裂、粉碎变为土壤。这个过程十分缓慢与漫长，要形成1厘米厚的土壤，需耗费200年以上的时间。

岩石在树根、雨水、风，以及气温、地壳运动等影响下，渐渐碎裂。

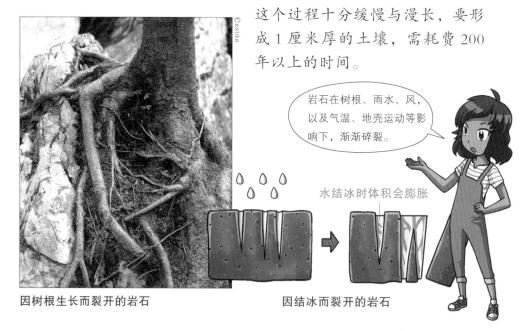

因树根生长而裂开的岩石

水结冰时体积会膨胀

因结冰而裂开的岩石

## 孕育万物的土壤

从根茎深深扎入地底的树木到我们肉眼看不见的微生物，土壤孕育了无数的生命。植物从土壤里吸收养分，一些动物又因植物而得以生存，并共同在地面生存。还有许多挖掘洞穴、在地底洞穴繁育后代，并将地底洞穴作为栖身之处的动物，土壤是它们的藏身之处与保护地。人类也离不开土壤，大自然为人类提供了各种各样的可利用的土地资源，为人类的居住、繁衍、生活、生产等活动提供了条件。人类会在土地上栽种农作物，会用黄土来染布，有时候还会用泥土来建造房屋。

**用黄土染布** 将布泡在黄土水中，反复晾干、漂洗，布就会染上土色。

 **地下水是怎么形成的？**

雨水和雪水渗入地下后就形成了地下水。地下水是水资源的重要组成部分，由于水量稳定、水质好，是农业灌溉、工矿用水和城市用水的重要水源之一。在地表以下约 60 米内的地下水，称为浅层地下水，更深的则称为深层地下水。例如井水通常是浅层地下水，浅层地下水容易受到降水的影响，且容易被污染。深层地下水除非是遇到严重的干旱，否则不会受到影响，所受污染也较少，比较安全稳定。

**井水** 井水是地下水的一种。

# 第 9 章
# 躲进蚁穴

水势太急了！再这样下去，我们会被冲走的！

抓紧一点！

等等！干脆爬到上面去吧！

望

哗啦啦啦

好！

哗啦啦啦

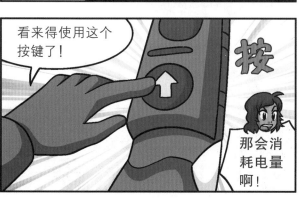

161

那是蚂蚁吗？

怎么会这么大？因为我们身体变小了，连蚂蚁看起来都好大呢！

幸好它没看到我们。

等等！

怎么了？

嗯？

进去了！

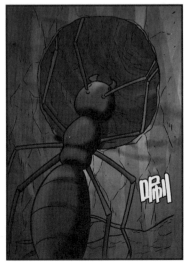

唰

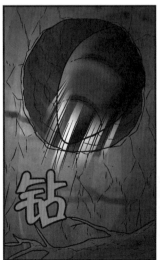

钻

果然！

好快呀！

它去哪里了?

看来那里应该是蚂蚁的洞穴。

下雨的时候,蚂蚁会躲进蚁穴。

蚁穴不会被淹吗?

蚂蚁会预测降雨,提前用泥土将蚁穴入口堵住。

下雨前,空气湿度加大,昆虫的翅膀会变重而影响飞行,它们就会到地面找避身的场所。为了捕食这些昆虫,鸟儿也会飞得更低。

啾啾啾

把洞口挡住吧!

看燕子飞得那么低,应该是快下雨了!

原来如此,太好了!

站起

我们也过去看看吧!

攀爬

攀爬

智伍，你要去哪里啊？

当然是去蚁穴啊！

等等！

真是好主意！

不管去哪里，总比待在这里安全吧？我也一起去！

怎么连你也这样？

啪

再等一下吧！

蚁穴可不能随便进去啊！

啊……

哗啦啦

唉！不管啦！

原来蚂蚁住在这种地方啊？

这里是蚁穴的通道，就是从一个房间到另一个房间的通道。

蚁穴还有房间和通道？难道它们在地底盖房子吗？

没错……

啊！

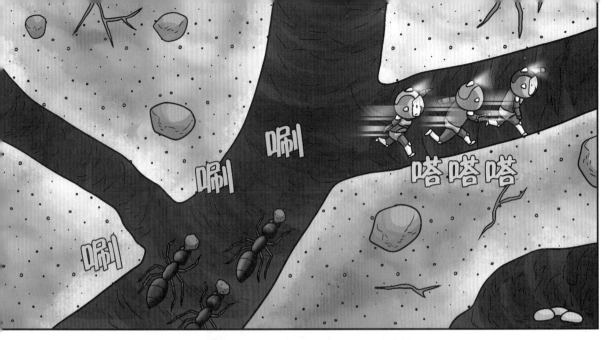

它们是在封住洞口吗？

探头

好像是为了防止雨水涌入，正在进行修补工程。

你们快来这边！

你什么时候跑去那边了？

169

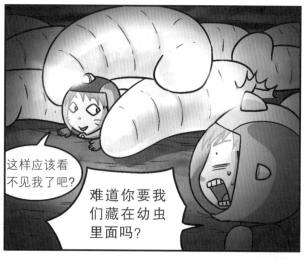

这里到底有几个房间啊？

不同的蚁穴，房间的数量也会不一样。

如果是建造了很久的蚁穴，光是住在里面的蚂蚁就可能超过 1 万只，房间和通道也会有 100 多个呢！

你说 100 多个吗？

呜！幼虫好像在盯着我看！

蚁穴就像一座庞大的地底城市，

具有不同用途的房间和通道，还有为了维持洞穴的温度与湿度而建造的通风口，就像迷宫一样复杂交错。

照顾蛹的房间

食物储藏室

照顾幼虫的房间

垃圾场

蚁后的房间

这么说来，顺着蚁穴通道走的话，应该可以回到地面吧？

不行！蚁穴的通道非常复杂。

万一迷路或是被兵蚁发现的话，就真的大事不妙了！

蚂蚁有什么好怕的？！

就算被蚂蚁发现了，又能出什么事呢？

你果然什么都不懂，才会这么安心啊！蚂蚁……

可是连遇到蜥蜴或蟾蜍都敢扑上去，并且将它们肢解分离的呢！

什么？你又开始胡言乱语了吧？！

嘘！安静一点！

看来是出去进行修补工程的工蚁回来了！

啊!

沙沙沙

怎么办?
好像被发现了。

这么快就被发现了……

呃!

蚂蚁盯着我看呢!

跳起

不要逼我!放马过来吧!

少安毋躁!等到时机成熟再逃跑比较好。

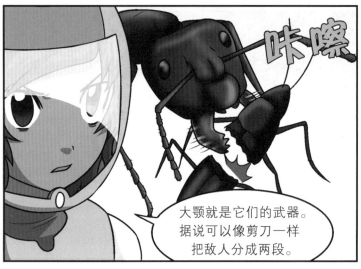